DÉTERMINATION MATHÉMATIQUE

DU TABLEAU REPRÉSENTANT

UN MARCHÉ A LA HAYE

ET EXPLICATION DU DESSIN DÉMONSTRATIF

DU MODÈLE DE GÉOMÉTRIE DESCRIPTIVE,

PAR

PETRUS VAN SCHENDEL.

BRUXELLES,

IMPRIMERIE DE CHARLES LELONG,

RUE ROYALE, 138.

1855.

DÉTERMINATION MATHÉMATIQUE

DU TABLEAU REPRÉSENTANT

UN MARCHÉ A LA HAYE.

DÉTERMINATION MATHÉMATIQUE

DU TABLEAU REPRÉSENTANT

UN MARCHÉ A LA HAYE

ET EXPLICATION DU DESSIN DÉMONSTRATIF

DU MODÈLE DE GÉOMÉTRIE DESCRIPTIVE,

PAR

PETRUS VAN SCHENDEL.

En vente à Paris, chez le Mandataire universel, 10, rue Jean Goujon, Champs-Élysées,
au prix de 25 centimes.

BRUXELLES,

IMPRIMERIE DE CHARLES LELONG,

RUE ROYALE, 138.

1855.

DÉTAIL DES ARTICLES

ENVOYÉS A L'EXPOSITION UNIVERSELLE DE PARIS;

Par P. VAN SCHENDEL,

Rue de l'Arbre Bénit, 137, Faubourg de Namur, lez-Bruxelles.

N° 1. * Marché à La Haye, effet de lumière, 84 centimètres de hauteur, sur 122 de largeur, avec un plan mathématique n° 5.

N° 2. Vue de Rotterdam, effet de lune, 88 $\frac{1}{2}$ centimètres de hauteur, sur 120 de largeur.

N° 3. Marché au poisson hollandais, effet de lumière, 64 $\frac{1}{2}$ centimètres de hauteur, sur 51 de largeur.

N° 4. Paysage, clair de lune, 42 centimètres de hauteur, sur 57 de largeur.

N° 5. Plan géométrique du tableau n° 1, avec description.

N° 6. Modèle de géométrie descriptive, pour démontrer qu'à l'aide de cette science, on peut rendre invisibles des surfaces planes, ou un corps ayant des surfaces planes, étant vus d'un point de vue donné; 105 centimètres de hauteur, 104 de largeur et 74 de profondeur.

N° 7. Un dessin démonstratif du modèle de géométrie descriptive n° 6, 223 centimètres de hauteur, sur 143 de largeur.

N° 8. Dessin désignant tous les points requis pour dessiner perspectivement sur quatre faces, de quatre inclinaisons différentes, des objets, de manière que ces faces disparaissent et soient remplacées par d'autres voulues par l'auteur, et que les objets dessinés sur les faces réelles, semblent dessinés sur d'autres faces qui n'existent qu'en apparence aux yeux du spectateur.

N° 9. Dessin ou plan d'une roue hydraulique pour bateau à vapeur, inventée par l'exposant en 1840; 62 centimètres de hauteur, sur 86 de largeur.

---

* Les numéros ici désignés sont ceux que l'exposant a donnés à ses ouvrages, lors de l'expédition; on les trouvera probablement encore indiqués sur chacun de ses ouvrages.

N° 10. Modèle en fer d'une roue hydraulique du plan n° 9, 33 centimètres de hauteur, sur 34 de largeur et 25 de profondeur, exposé pour l'utilité publique.

N° 11. Deux cadres réunis contenant trois plans avec texte, pour éviter le mouvement de lacet des voitures de chemin de fer, 134 centimètres de hauteur, sur 266 de largeur. Cet ouvrage est fait pour être offert gratuitement aux principales administrations de chemins de fer qui en feraient la demande, et ne se trouve pas dans le commerce.

Le modèle n° 6 doit être placé sur une table et éclairé sous un angle de 45 degrés, c'est-à-dire que les trois faces doivent être éclairées également, et qu'une surface ne soit pas plus éclairée que l'autre.

DÉMONSTRATION MATHÉMATIQUE POUR LE PLAN N° 5,

COMPRENANT LES PRINCIPAUX SUJETS DU TABLEAU N° 1,

lequel tableau a 84 centimètres de hauteur sur 122 de largeur, et représente

UN MARCHÉ A LA HAYE EN HOLLANDE,

éclairé par la lune ainsi que par des bougies,

Par P. VAN SCHENDEL.

Exposé.

1° La distance à laquelle le tableau doit être vu par le spectateur, a été fixée par l'artiste à 2 mètres = 200 centimètres.

2° L'élévation de l'horizon au-dessus du sol est de 132,2 centimètres, c'est-à-dire, suivant réduction, de 35 centimètres au-dessus de la ligne de terre du tableau.

3° Un homme d'une taille de 170 centimètres, figuré comme étant placé sur la ligne de terre, y serait représenté sous 45 centimètres de taille.

Cela étant, il se présente cette première question :

1. Si un homme ou autre objet de 170 centimètres de taille, étant placé sur la ligne de terre du tableau, se réduit à une taille de 45 centimètres, à quelle distance du spectateur ce même personnage, de 170 centimètres de taille, doit-il s'éloigner pour que, sur le tableau

placé à 2 mètres de distance, il figure sous 45 centimètres de taille?
Or, je dis que cet éloignement sera de 755,5 centimètres.

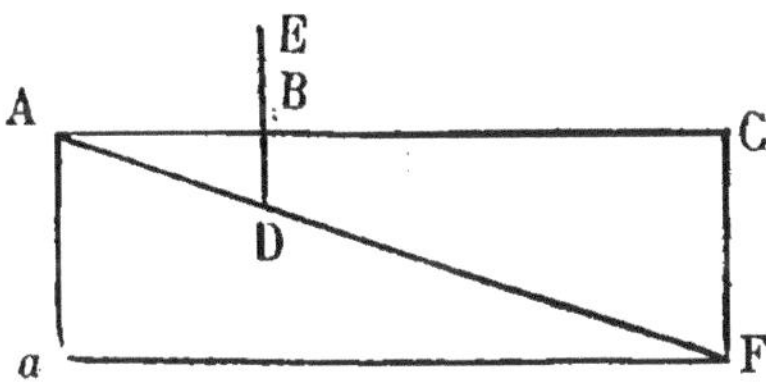

Et en effet, supposant que aF représente le sol; qu'au point F se trouve placé un personnage de CF $=$ 170 centimètres de taille, et qu'au point a se trouve le spectateur dont l'œil soit en A : l'angle visuel sous lequel le spectateur verra le personnage CF sera FAC, formé par les rayons visuels AF et AC. Si donc DE représente le profil du tableau, de manière que AB $=$ 2 mètres $=$ 200 centimètres, l'œil A du spectateur y verra la longueur FC $=$ 170 centimètres, figurée par DB, longueur qui, par hypothèse, doit être de 45 centimètres. Mais la similitude des deux triangles ADB et AFC fournit la proportion DB:FC $=$ AB:AC, ou bien, en substituant les valeurs connues, 45:170 $=$ 200:AC;

$$d'où\ alors\ AC = \frac{170 \times 200}{45} = 755,55\ldots\ centimètres.$$

2. Et réciproquement, s'il fallait trouver quelle taille DB aurait sur le tableau le personnage FC, éloigné de 755,5 centimètres, on le trouverait par la même proportion DB:FC $=$ AB:AC, qui alors devient DB:170 $=$ 200:755,5...; d'où DB $= \dfrac{170 \times 200}{755,5\ldots} = 45$ centimètres.

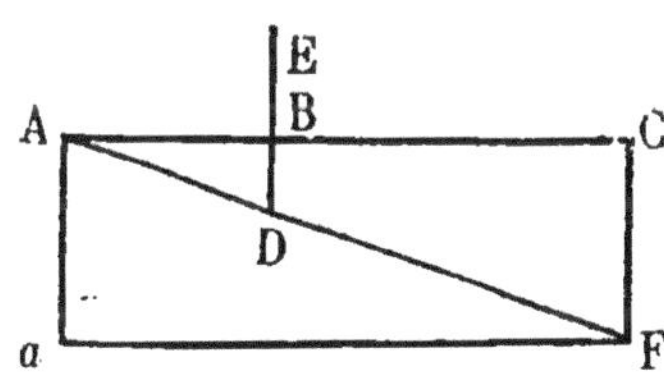

3. Comme le point D se trouve sur la base du tableau, il s'ensuit que le point F, qui se trouve sur le rayon visuel partant de A et passant par D, se confondra dans l'œil du spectateur avec le point D; ce point F, se trouvant donc aussi sur la base du tableau, détermine par conséquent la vraie ligne de terre, d'où partiront et s'étendront tous les détails du tableau. Par suite, la vraie base du tableau est éloignée du spectateur de 755,5... centimètres.

4. La longueur de la vraie base du tableau se détermine de la manière que voici :

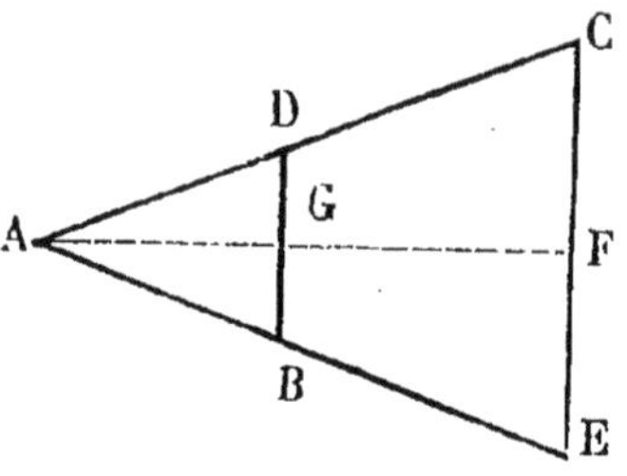

Soient AF = 755,5 centimètres la distance de cette base ; AG = 200 centimètres la distance du tableau, et DB = 122 centimètres la largeur du tableau : la longueur cherchée sera EC. Or, les deux triangles semblables ABD et ACE fournissent la proportion AG:AF = DB:EC, ou bien en substituant les valeurs connues, 200:755,5 = 122:EC ;

d'où $EC = \dfrac{755,5 \times 122}{200} = 460,8\ldots$ centimètres. Donc la longueur de la base du tableau est réellement de 460,8 centimètres, quoique la largeur du tableau ne soit que de 122 centimètres.

5. Ensuite, il est aussi nécessaire que le peintre connaisse à quelle longueur se réduit sur la base du tableau la valeur d'un mètre, afin de pouvoir donner les mêmes proportions à tous les sujets qui doivent figurer sur son tableau. Cette longueur se trouvera évidemment par la proportion 170:45 = 100:x, parce que, comme il a été déterminé ci-dessus, 170 centimètres se réduisent à 45, et que par suite 100 centimètres

doivent se réduire à $x = \dfrac{45 \times 100}{170} = 26,47$ centimètres, c'est-à-dire

que, sur la base du tableau, la longueur d'un mètre comprend un peu moins que $26\frac{1}{2}$ centimètres.

6. Soit maintenant à trouver sur le tableau l'élévation de l'horizon ; si, par exemple, le peintre désire que la nature qu'il veut représenter, soit vue par le spectateur dont l'œil est à 132,2 centimètres au-dessus du sol, c'est-à-dire que l'élévation du vrai horizon soit de 132,2 centimètres.

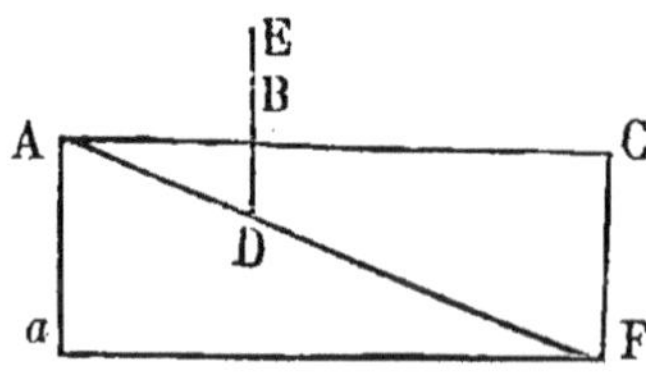

Supposant que aF soit le sol, ayant une longueur de 755,5… centimètres, comme il a été déterminé dans la première question, et que AC soit parallèle et égale à aF ; représentant par FC = aA un bâton de 132,2 centimètres de longueur, et par DE le profil du tableau, de sorte que le point D, qui, sur le même rayon visuel AF, se confond avec le point F, se trouve sur la base du tableau : si alors l'œil A du spectateur se dirige sur le pied du bâton FC, il verra le point F se placer sur D, c'est-à-dire sur la base du tableau, et en se dirigeant sur C, l'œil A verra le vrai horizon, exactement au point B. Par conséquent, le point C de l'horizon étant ainsi amené au point B du tableau, DB sera pour le tableau l'élévation de l'horizon demandée, puisque DB marque la distance du point B au-dessus de la ligne de terre qui passe par le point D.

Et comme on a AC:AB = FC:DB ; que d'ailleurs AC = 755,5,.., AB = 200, FC = 132,2, on trouvera

$$755,5\ldots : 200 = 132,2{:}DB ; \text{ d'où } DB = \frac{200 \times 132,2}{755,5\ldots} = 35 \text{ centi-}$$

mètres, à moins d'un millimètre près.

Si donc, dans le tableau, l'horizon est pris à 35 centimètres au-dessus de la ligne de terre, son élévation y correspondra à 132,2 centimètres d'élévation au-dessus du sol dans la nature.

7. Déterminations concernant la plus grande maison qui figure au tableau du côté droit.

Trouver : 1° A quelle distance le spectateur doit-il se placer d'une maison haute de 13,60 mètres, pour la voir sous une hauteur de 40 centimètres, sur un tableau placé à 2 mètres de distance ?

2° A quelle distance au-dessus de la ligne de terre, ou au-dessous de l'horizon, doit se trouver la base de cette même maison?

3° A quelle hauteur au-dessus de l'horizon, ou au-dessus de la ligne de terre, doit s'élever le pignon de ladite maison?

Voici la solution de chacune de ces trois questions, en commençant par la première.

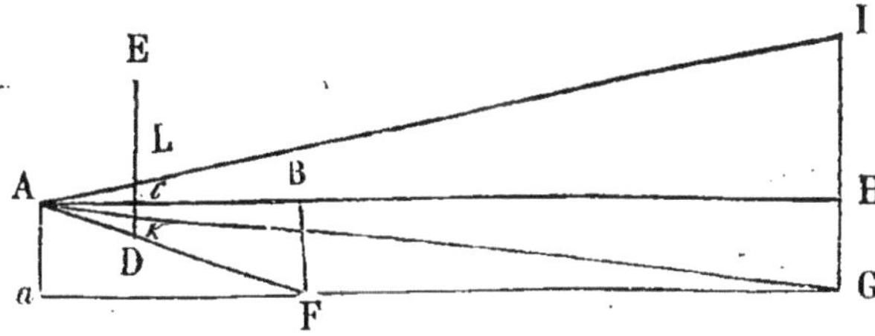

Soit GI = 1360 centimètres la hauteur de la maison en question ; en représentant par DE le profil du tableau, de sorte que D se trouve sur la ligne de terre; faisant comme ci-dessus $BF = aA = GH = 132,2$ centimètres, et remarquant que le point C se trouve sur l'horizon du tableau ; alors le spectateur, avec son œil en A, verra la hauteur GI réduite sur le tableau, et représentée par $KL = 40$ centimètres par hypothèse. Et, comme la distance demandée est $aG = AH$, on trouvera cette distance par la proportion $KL:GI = AC:AH$, ou bien par

$$40:1360 = 200:AH \text{ ; d'où } AH = \frac{1360 \times 200}{40} = 6800 \text{ centimètres,}$$

ou 68 mètres.

Or, ainsi qu'il a été trouvé dans la première question, la base du tableau se trouve éloignée du spectateur de 755,5... centimètres ; donc la maison se trouve sur le tableau, en arrière de la ligne de terre, de $6800 — 755,5... = 6044,4...$ centimètres, ou à peu près de 60 mètres $44\frac{1}{2}$ centimètres.

8. Sachant maintenant que ladite maison se trouve éloignée du spectateur de 68 mètres, et que sur le tableau, elle est de 60 mètres $44\frac{1}{2}$ centimètres en arrière de la ligne de terre, on trouvera aisément de combien la base du premier pignon doit se placer au-dessus de la ligne de terre, ou bien au-dessous de l'horizon.

Et en effet, DE étant le profil du tableau, DK marque de combien la base du pignon est au-dessus de la ligne de terre, et CK marque de combien elle est au-dessous de l'horizon. D'abord on trouvera CK par la proportion $AH:AC = GH:CK$, ou bien $6800:200 = 132,2:CK$;

$$\text{d'où } CK = \frac{132,2 \times 200}{6800} = 3,888... \text{ centimètres au-dessous de}$$

l'horizon.

Puis, comme par hypothèse $KL = 40$ centimètres et $CK = KL — CL$, dès que CL sera déterminé, on connaîtra aussi CK. Or, les deux triangles semblables ACL et AHI fournissent la proportion $AH:AC = HI:CL$; et, puisque $AH = 6800$ centimètres, $AC = 200$, et $HI = GI — GH = 1360 — 132,2 = 1227,8$, il s'ensuit que cette proportion devient

$$6800:200 = 1227,8:CL, \text{ d'où } CL = \frac{1227,8 \times 200}{6800} = 36,11..., \text{ et}$$

par suite $CK = 40 — 36,11... = 3,88...$ comme on l'a déjà trouvé. Cette valeur de CL indique la portion du pignon qui doit s'élever au-dessus de l'horizon.

9. Enfin, quant à la valeur de DK = DC — CK = 35 — 3,88 = 31,12 centimètres, elle désigne de combien la base du pignon se trouve au-dessus de la ligne de terre. Cette valeur peut d'ailleurs être encore déterminée de la manière suivante, qui est la vraie manière générale de trouver l'élévation de tout sujet au-dessus de la ligne de terre.

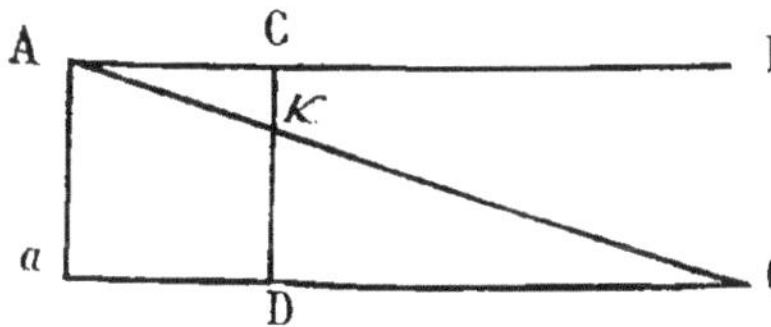

Soient aG la ligne de terre, AH l'horizon parallèle à aG, DC la place du tableau, aA = 35 centimètres la hauteur de l'horizon sur le tableau, et AC = 200 centimètres la distance du tableau par rapport au spectateur : DG marque de combien le pignon de la maison en question se trouve en arrière du tableau, distance égale à 6044 $\frac{1}{2}$ centimètres. Mais, suivant n° 5, la longueur d'un mètre se réduit pour le tableau à 26,47 centimètres ; donc la distance 6044 $\frac{1}{2}$ centimètres s'y réduira à 26,47 $\times$ 60,445 = 1599,989 centimètres = 16 mètres à moins de 1|5 millimètre près ; donc DG = 16 mètres. Menant ensuite le rayon visuel AG, la distance DK marquera de combien la base du pignon sera élevée au-dessus de la base du tableau, et se déterminera par la proportion AG:DG = aA:DK, dans laquelle aG = aD + DG = AC + DG = 200 + 1600 = 1800 centimètres ; d'où DK = $\dfrac{1600 \times 35}{1800}$ = 31,12 centimètres, comme ci-dessus.

10. Par ce qui précède, on voit qu'au moyen de calculs fort simples, appuyés sur les principes de la géométrie élémentaire, on parvient à déterminer avec une extrême justesse la position précise de tous les éléments à faire figurer sur un tableau, dans le même ordre, et aux distances relatives, tels que ces éléments se trouvent dans la nature même. Ce n'est que quand ces conditions-là sont exactement remplies, que le tableau est une fidèle reproduction de la nature, et que l'artiste est parvenu à ce degré de perfection que l'on rencontre si rarement dans les peintures, même d'un grand mérite sous d'autres rapports. Mais les règles ordinaires de la perspective ne fournissent jamais une exactitude aussi rigoureuse.

Pour faire encore mieux ressortir les avantages de cette méthode,

nous allons nous occuper de quelques recherches concernant les principaux personnages représentés sur notre tableau.

11. Soit d'abord la dame frisonne , du côté droit, comme étant le
personnage le plus en avant du tableau.

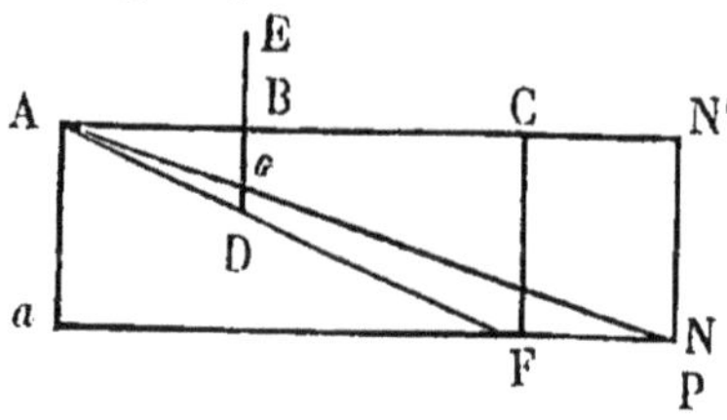

Construisons le rectangle aFCA, suivant les données du n° 1, de sorte que DE repré-sente le profil du tableau, et que BD exprime la taille $=$ 45 centimètres, que doit avoir sur le tableau, à la ligne de terre, un personnage FC d'une taille de 170 centimètres, et cherchons quelle taille BG il faut donner au personnage NN' qui est éloigné du spectateur d'une distance aN $=$ 755,5... $+$ 246 $=$ 1001,5... $=$ 10 mètres 1 $\frac{1}{2}$ centimètre.

Puis, on aura la proportion AN': AB$=$NN': BG qui, par les données, devient 1001,5:200 $=$ 170:BG ; d'où BG $= \dfrac{200 \times 170}{1001,5} = 33,949...$

centimètres ou environ 34 centimètres. Ainsi le personnage placé en N devra avoir 34 centimètres de taille.

12. Cherchons pareillement la taille que devra avoir le second personnage du tableau, c'est-à-dire la femme qui se tient près de la table,
à la condition qu'elle soit de 1031,2 centimètres éloignée du spectateur en A. Supposant que cette femme ait 165 centimètres de taille,
c'est-à-dire qu'elle ait 5 centimètres de moins que la Frisonne dont la
taille a été prise à 170 centimètres, et qu'elle se trouve placée en un
point P, que nous confondrons avec le point N, pour ne point con-
struire une autre figure : on aura semblablement à ce qui précède,

$$1031,2:200 = 165:BG ; \text{ d'où } BG = \dfrac{200 \times 165}{1031,2} = 32 \text{ centimètres}$$

pour la taille de ce second personnage.

13. Sachant maintenant que ce second personnage, éloigné du spectateur de 1031,2 centimètres, aura sur le tableau une taille de 32 centimètres, cherchons à quelle distance au-dessus de la base du tableau
doit se trouver le pied de cette figure.

D'abord cette figure sera à 1031,2 — 755,5 $=$ 275,7 centimètres en arrière de la ligne de terre, et la question proposée se réduit à trouver à quelle distance au-dessus de la ligne de terre, doit être le point qui est éloigné en arrière de cette même ligne de 275,7 centimètres. Or, comme suivant n° 5, la longueur du mètre se réduit sur le tableau à 26,47 centimètres, les 275,7 centimètres s'y réduiront à $26,47 \times 2,757 = 72,97\ldots$ centimètres. Soit donc DG la base du tableau, prolongée de Da $=$ AC $=$ 200 centimètres, AH étant parallèle à aG, et aA $=$ 35 centimètres désignant l'élévation de l'horizon sur le tableau. De cette

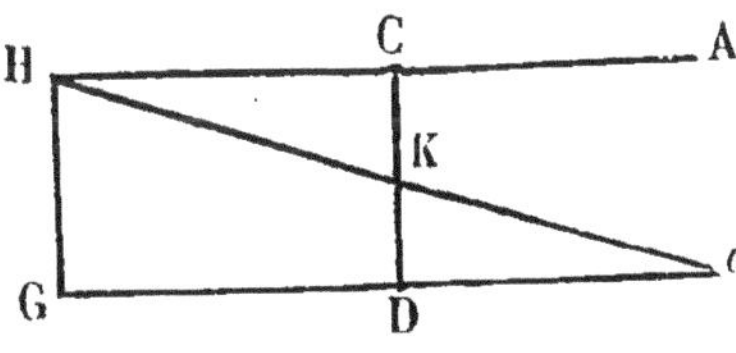

manière on a DG $=$ 275,7 centimètres et aG $=$ 200 + 275,7 (réduits au tableau à 72,97) $=$ 200 + 72,97 $=$ 272,97 centimètres ; puis la proportion aG : DG $=$ aA : DK, ou bien la pareille $272,97 : 72,97 = 35 : DK$, donnera $DK = \dfrac{72,97 \times 35}{272,97}$

$= 9,3\ldots = 9,4$ centimètres environ pour la distance cherchée.

14. De la même manière on trouvera aussi la place pour la première figure, la Frisonne, qui est éloignée du spectateur de 1001,5 centimètres, et par conséquent de 246 en arrière de la ligne de terre, laquelle dernière valeur se réduit à $26,47 \times 2,46 = 65,1162$, soit 65,11 centimètres. Donc ici on a DG $=$ 65,11, aG $=$ 200 + 65,11 $=$ 265,11, et la proportion ci-dessus aG : DG $=$ aA : DK devient $265,11 : 65,11 = 35 : DK$; d'où $DK = \dfrac{65,11 \times 35}{265,11} = 8,6$ centimètres, pour fixer la place de la première figure au-dessus de la ligne de terre.

15. La bougie qui brûle sur la table est de 257 centimètres en arrière de la ligne de terre, et par conséquent à une distance du spectateur de 1012,5 centimètres ; elle est donc de 18,7 centimètres plus rapprochée du spectateur que la seconde figure.

16. D'une manière semblable, et à l'aide de la figure qui précède, on prouvera aussi que la bougie près du marchand de poisson, par son extrémité inférieure, est à 15 centimètres au-dessus de la ligne de terre, et que par suite elle est à 573 centimètres en arrière de la même ligne. Car, suivant n° 5, la valeur 573 centimètres se réduit à $26,47 \times 5,73 = 151,67$ centimètres ; et la proportion ci-dessus n° 14 devient alors

$$151{,}67 + 200{:}151{,}67 = 35{:}DK, \text{ d'où } DK = \frac{151{,}67 \times 35}{351{,}67} = 15 \text{ cen-}$$

timètres.

Par là, il est en même temps prouvé qu'un point qui sur le tableau est à 15 centimètres au-dessus de la ligne de terre, est aussi à une distance de 1328,5 centimètres du spectateur.

17. Pareillement la troisième bougie, qu'un petit garçon tient à la main, étant à une distance de 1640,5 centimètres du spectateur, et de 885 centimètres en arrière de la ligne de terre, se trouve à 18,88, soit 19 centimètres au-dessus de cette même ligne. Car, suivant n° 5, la valeur 885 centimètres se réduit à $26{,}47 \times 8{.}85 = 234{,}25$, et la proportion ci-dessus devient $234{,}25 + 200{:}234{,}25 = 35{:}DK$; d'où il viendra

$$DK = \frac{234{,}25 \times 35}{434{,}25} = 18{,}88, \text{ soit 19 centimètres au-dessus de la}$$

ligne de terre.

AVIS.

Ayant appris que beaucoup de peintres sont de l'avis que, dans le choix du point de distance, il faut s'en tenir rigoureusement à une limite déterminée, qu'ils considèrent comme invariable, je me vois obligé, tant pour relever une telle erreur si grave, que pour justifier ma propre œuvre, le tableau n° 1, qui a un mètre 22 centimètres de largeur, et pour lequel j'ai pris le point de distance à 2 mètres, de faire quelques petites observations.

D'abord, c'est une énorme absurdité que de prétendre que cette distance doive généralement être le triple de la largeur du tableau, parce qu'elle dépend exclusivement des conditions auxquelles l'artiste veut satisfaire par sa peinture, et que par suite cette distance ne saurait être fixée d'une manière invariable pour tous les tableaux en général. Telle distance peut fort bien convenir pour tel tableau, tandis qu'elle anéantirait, au contraire, l'effet que l'artiste avait en vue de produire dans telle autre peinture.

La détermination du point de distance pour un tableau quelconque, repose nécessairement sur les circonstances particulières dans lesquelles l'artiste est forcément placé par la nature elle-même, qu'il veut reproduire devant le spectateur. Cette détermination constitue donc une vraie question de géométrie, ainsi que je le prouverai d'ailleurs dans un traité élémentaire, destiné surtout à l'usage des peintres et des sculpteurs, que je me propose de publier le plus tôt possible, et dans lequel je développerai un grand nombre de questions du plus haut intérêt pour lesdits artistes.

Dans ce traité, il sera mathématiquement démontré pour quelles conditions particulières il convient de prendre le point de distance, soit seulement à $\frac{1}{2}$ de la largeur du tableau, soit à 2 fois, 3 fois, 4 fois, 5, 6, 7 et même à 8 fois cette largeur.

En attendant la publication annoncée, je prie donc de suspendre toute critique et toute discussion inutile sur cet objet, et je suis persuadé que même mes antagonistes d'aujourd'hui, alors mieux éclairés par la science, seront les premiers défenseurs des vérités que j'ai eu le bonheur de découvrir et d'appliquer avec succès, en m'appuyant sur les principes de la géométrie. C'est alors aussi, j'en suis certain, que tout artiste reconnaîtra la nécessité des ressources infinies de cette science, et conviendra que la nature n'est fidèlement reproduite sur un tableau que pour autant que, du point de distance, le spectateur voie tous les détails dans leurs dimensions naturelles, et dans leurs positions respectives, conditions que la géométrie seule peut déterminer avec précision.

Mars, 1855.

EXPLICATION
DE L'ÉPURE DÉMONSTRATIVE DU MODÈLE DE GÉOMÉTRIE DESCRIPTIVE,

Pour prouver que par cette science on peut rendre des surfaces invisibles, vues d'un point donné.

La science de ces procédés est de la plus haute importance pour le peintre, comme pour le sculpteur, car elle leur enseigne de quelle manière ils doivent disposer la représentation de leurs sujets pour que, vus d'un point déterminé, ils produisent exactement l'effet de la nature même.

Il serait trop long de donner ici des explications détaillées : l'auteur s'occupe d'un ouvrage renfermant l'exposition complète de tout ce qu'un peintre ou un statuaire doit connaître de cette science. Cet ouvrage sera divisé en quatre parties : la première pourra être terminée de manière à paraître en 1856 ou en 1857. Cette première partie traite spécialement de la géométrie, que tout peintre ou sculpteur doit nécessairement connaître. L'auteur, étant peintre lui-même, est en mesure de savoir les parties de la géométrie qu'il importe surtout de connaître à fond. Ce qui a rapport à la représentation et à la construction des solides à trois dimensions, sera traité avec plus de détails que dans la plupart des autres ouvrages sur la matière.

En ce qui concerne le plan ci-dessus, l'artiste ou l'amateur qui voudra l'étudier doit s'attacher d'abord à bien reconnaître les points importants, tels que : points de vue, points de distance, points auxiliaires et points lumineux, au nombre de 22 et indiqués par les lettres A à X. La détermination exacte de ces points forme, pour ainsi dire, toute la charpente de l'œuvre. Si l'un d'eux ne se trouvait pas bien placé, toute la partie de l'épure qui s'y rapporte, serait fautive, et l'ensemble qui doit produire l'illusion de la nature, serait manqué. Chacun des 22 points est disposé mathématiquement dans sa situation exacte, par les procédés rigoureux de la perspective géométrique.

Bien que la recherche de ces points soit quelquefois assez difficile et assez pénible, il est toujours possible de les fixer exactement à l'aide du raisonnement.

Les points A et B sont seuls choisis arbitrairement, en ce sens qu'ils dépendent du point duquel l'artiste désire que l'on examine son œuvre : ainsi le point A est celui auquel le spectateur doit se placer, et le point B détermine la hauteur à laquelle son œil doit se trouver au-dessus de la ligne de terre *abc*, base de l'arrière-plan ; cette hauteur est ici de 50 centimètres.

Tous les autres points dépendent du choix des deux premiers ; c'est-à-dire que, si l'on faisait varier la position de ces deux points, tous les autres devraient également être déplacés, parce que leur éloignement des points A et B constitue un rapport mathématique constant.

L'auteur insiste sur cette considération, afin d'engager les artistes et les amateurs qui étudieraient cette épure, à s'attacher surtout à la détermination des points principaux dont le détail suit :

Point A. Projection horizontale du point de vue, c'est-à-dire, point qu'occuperaient les pieds du spectateur, son œil étant placé à 50 centimètres au-dessus. Ce point est donc situé dans le plan horizontal A*dea*F.

Point B. Projection du point de vue sur le plan vertical, dont *ae* est la ligne de terre.

Point C. Point situé sur la ligne d'horizon CB du plan vertical, et distant d'un mètre du point B.

Point D. Point situé sur la ligne d'horizon A*d*D du plan horizontal, à 50 centimètres du point A.

Point E. Point de vue du plan de profil, situé à 50 centimètres au-dessus de la ligne de terre *d e* de ce plan.

Point F, situé sur la ligne d'horizon EF du plan de profil, à 0,35 du point E.

Point G. Centre réel du cercle formant l'intersection du mur cylindrique avec le plan horizontal. Ce cercle est indiqué au plan, en trait faible. Pour faire voir comment on représente cette ligne sur deux plans différents par les procédés de la perspective géométrique, la construction de quelques points du cercle a été indiquée sur l'épure, ce qui permettra aux amateurs de reconnaître le détail des procédés suivis.

H. Est le centre du cercle de base du mur cylindrique mis en perspective pour la partie du mur représentée sur l'arrière-plan, c'est-à-dire, pour les 15 ½ premières pierres. C'est vers ce point que concourent les points horizontaux (*aa*) de la première assise, ainsi que la trace de l'embrasure de la baie de la porte.

I. Est la perspective du centre de base de la seconde assise du mur cylindrique ; c'est vers ce point que concourent *bb* ; voyez la tête du mur à droite et la seconde assise de la porte.

K. Idem de la troisième assise ; voyez *cc* à la tête du mur et à la porte.

L. Perspective du centre du cercle supérieur du mur et point de concours des joints de la dernière assise, pierres 1 à 16, voir *dd*. La ligne HL serait la hauteur du mur, si celui-ci se trouvait au point H. Il importe de remarquer que le point H n'est pas situé sur le plan horizontal, où il semble placé, mais bien dans le plan vertical.

La perspective des points de centre des cercles du mur cylindrique sur le point latéral, tombe hors du tableau.

N. B. Toutes les dalles carrées, indiquées au plan, ont leurs côtés égaux à la dimension des pierres d'assise du mur cylindrique ; à la face intérieure, cette grandeur est égale à $\frac{1}{100}$ de la circonférence intérieure du cercle de base.

La partie la plus difficile de cette épure est, après la construction des boules, celle du bloc cubique qui ressort très bien dans le modèle, mais qui n'est plus visible pour le spectateur, lorsque celui-ci se place au point de vue.

J'ai été amené à exécuter le plan ci-dessus, par l'idée de dissimuler un bloc cubique par des lignes, de manière que ce corps ne soit plus reconnaissable dans l'endroit où il est bien réellement placé. Si l'on peut rendre invisible un corps limité par des surfaces planes, tel qu'un cube, on pourra également faire évanouir ou reculer les murs ou parois d'une chambre, et c'est ce que j'ai voulu démontrer par le modèle.

Je ferai remarquer que le présent plan a été établi tout exprès pour la grande exposition parisienne, tandis que le modèle est fait depuis près de quatre ans, et a même obtenu une médaille à l'exposition universelle de Londres de 1851 ; mais il n'était pas à cette époque accompagné d'une épure, et a été notablement augmenté et amélioré.

Ainsi, comme le contact des doigts avait sali promptement le modèle, et que, par suite, l'arête du cube devenait trop apparente, je l'ai masquée par une lisse en fer qui se rattache au poteau placé sur l'arrière-plan vertical.

J'ai, de plus, placé une traverse horizontale en fer, coupant la sphère figurée en partie dans le plan horizontal, et en partie dans le plan vertical, parce que la poussière se rassemblait dans l'angle de ces plans et nuisait à l'effet de l'illusion. J'ai, pour le même motif, marqué par une barre horizontale l'angle formé par le plan horizontal et le plan latéral, et figuré une pièce de bois portant une tige verticale au raccordement des perspectives du mur de droite sur les plans horizontal et vertical du fond.

Bien que la traverse figurée le long de la ligne *ea* semble dans l'épure beaucoup plus forte que le montant vertical, elle paraît de même diamètre à celui qui regarde le modèle. J'ai indiqué la manière d'établir exactement la construction de ce détail, dans l'épure, près du point L.

Le petit cercle figuré en rouge est la section de la traverse égale à celle du montant mis en perspective pour la même distance du point de vue; le contour apparent de la surface cylindrique est déterminé par les tangentes menées à ce cercle par le point D, dont les intersections avec la ligne AB assignent à ce contour la largeur *pq*. Qu'on me permette d'indiquer ici la manière dont je procède pour obtenir les lignes de séparation, d'ombre et de lumière, et les ombres portées.

A la partie supérieure du plan, entre les points C et X, j'ai figuré en traits bleus un triangle rectangle dont l'hypoténuse indique la direction des rayons de lumière inclinés de 43° 29' sur le plan horizontal. Cette direction est celle de la diagonale d'un parallélipipède rectangle dont la hauteur serait *trois*, et les côtés de la base respectivement *trois* et *un*. Si, par exemple, on suppose élevée en *b'* (voir près de l'arête antérieure du parquet) une verticale égale en hauteur à trois fois le côté des dalles, l'ombre de l'extrémité de cette verticale tombera en *a'*. Les côtés du triangle *bad* seront donc *ba = a'c* et *ad = a'b'*; *bd* étant la direction du rayon lumineux, les points de séparation de l'ombre et de la lumière, pour le cercle tangent à l'hypoténuse du triangle, seront *m* et *l*, points de tangence d'une droite *fg* parallèle à *db*. Si le cercle dont le centre est en *e* figurait une sphère, on voit que l'hémisphère *mnl* serait éclairé, tandis que le reste serait dans l'ombre, et, de plus, que l'ombre elliptique portée par cette sphère aurait pour grand axe *dh*. Les ombres des sphères figurées sur le plan horizontal, qui toutes ont le même diamètre, ont en effet cette longueur *d'h' = dh*.

En suivant le même raisonnement, on reconnaîtra que, si dans le cercle *abe* (tangent à l'intersection du plan horizontal et du plan vertical du fond près du point L), on mène *ab*, parallèle à *ml*, le point *b* appartiendra à la ligne de séparation d'ombre et de lumière. Cependant, comme le spectateur n'est pas placé au niveau, mais bien à 50 centimètres au-dessus, et à un mètre de distance, la direction de son rayon visuel n'est pas parallèle à PR. Pour déterminer exactement cette direction et conséquemment la partie du cylindre qui, pour le spectateur, paraîtra éclairée, prolongeons PR d'un mètre vers la gauche, et, à une distance d'un mètre, élevons une perpendiculaire de 0.50, nous déterminons ainsi le point Y, d'où menant une tangente au cercle *bac*, nous reconnaîtrons que la partie éclairée sera vue sur une hauteur *bc*; prenant alors F*e* = *bc*, la parallèle à la ligne de terre, menée par le point *e*, sera pour le spectateur la ligne de séparation d'ombre et de lumière.

Revenons au bloc cubique, qu'il s'agit de rendre invisible. Le carré n° 1, placé à l'angle du plan horizontal, représente la face antérieure du cube. Cette face est égale à la partie supérieure des blocs superposés que l'on voit plus rapprochés du spectateur de 5 rangées de dalles, et qui se projettent en partie sur le cube. La face antérieure de ce cube, ayant une position parallèle au plan vertical, doit avoir une autre ligne d'horizon et d'autres points de vue et de distance que celui-ci.

Or, comme l'œil du spectateur est placé à 0,50 au-dessus de l'intersection de la face antérieure du cube avec le plan horizontal, le point de vue de cette face devra être également à 0,50 au-dessus de cette intersection, et conséquemment en M. De plus, le point de distance des diagonales du parquet, inclinées à 45° sur la face, doit se trouver sur la ligne d'horizon, à une distance du point M égale à la distance de ce point de l'œil du spectateur. Cette distance étant ici réduite en raison du rapprochement de la face, le point de concours tombera en N, de sorte que l'on aura BM égal au côté du cube sur le plan vertical, ou à la saillie, et MN parallèle à BC et égal à BC — BM.

Vers le point M concourent les lignes qui figurent les côtés de la face supérieure des blocs superposés, ainsi que du renfoncement qui s'y trouve, et vers N la diagonale de ces carrés. Je ne m'étendrai pas davantage sur ce sujet, je ferai seulement remarquer que l'exactitude de la construction se prouve par la correspondance des ombres et lignes projetées sur les différentes faces du cube, telles que l'ombre du montant vertical KK et la ligne *d*N''O''P*i* qui, formées de parties diversement dirigées, paraissent cependant avoir pour le spectateur une direction unique (voir le modèle).

O est le point où concourent les rayons solaires, pour le plan horizontal ; bien que ces rayons soient parallèles dans la nature, ils doivent ici converger vers un point unique, et tout comme les joints du parement du mur vertical figuré en avant du parquet et les arêtes verticales du mur de droite. De ce que les rayons solaires tangents aux corps représentés sont convergents vers le point O, placé à l'opposite du soleil, il s'ensuit que les ombres portées sur le plan horizontal, sont en général plus petites que les corps qui interceptent la lumière. Ainsi l'ombre de la table est plus petite que le feuillet, mais cette circonstance s'explique facilement : il suffit de remarquer que la surface de la table étant plus rapprochée de l'œil du spectateur que le parquet, le feuillet doit paraître plus grand que son ombre, bien qu'il soit de même dimension.

P est le point où concourent les rayons solaires pour le plan latéral de droite ; c'est en ce point, situé, comme pour le plan horizontal, à l'opposite du soleil, que se réunissent les rayons que déterminent sur les corps figurés dans ledit plan latéral, les lignes de séparation d'ombre et de lumière.

Q est le point de distance des lignes qui figurent sur le plan latéral l'ombre des verticales, ou la projection des rayons solaires sur le parquet. Il s'ensuit que, sur ce plan, l'ombre d'un point est déterminée par l'intersection de deux lignes, l'une menée du point mis en perspective vers le point P, l'autre menée de sa projection sur le parquet vers le point Q.

Le point Q est d'ailleurs le pied de la perpendiculaire abaissée du point P sur la ligne d'horizon du plan latéral.

Le point R est le point de distance des droites tracées sur le parquet, et perpendiculaires à celles qui concourent en Q, de même que le point F est le point de distance des droites qui forment un angle de 45° avec celles dirigées vers E. Si, d'un point quelconque d'une droite dirigée vers Q, on mène une droite vers R, l'angle formé par ces droites sur le parquet semblera droit en perspective. Le point R sert à déterminer, sur les objets circulaires, la position des lignes de séparation d'ombre et de lumière. Voyez la détermination de ces lignes pour le couvercle du puits circulaire et l'ombre de la boule.

Le point de distance des rayons solaires, pour l'arrière-plan vertical, ainsi que la projection sur l'horizon, qui est le point de distance des projections horizontales des rayons, tombe tout en dehors du dessin ; mais, comme ce point est ici du côté du soleil ou vers la lumière, il s'ensuit que les ombres des objets sont plus grandes que les objets eux-mêmes.

S est le point de distance des perpendiculaires aux projections horizontales des rayons solaires. Ce point remplit, pour le plan en face, le même rôle que le point R pour le plan latéral.

Les points T et V sont situés sur un arc de cercle, dont le centre est en A, et le rayon égal à AD. Le point X est situé sur un arc dont le centre est B, et le rayon = BC.

Nous avons déjà défini le point Y. Quant aux points T, V et X, ils se rapportent à la construction des trois sphères figurées sur le plan horizontal et sur l'arrière plan vertical ; il serait inutile d'en parler ici. Je m'étendrai sur ce sujet dans l'ouvrage que je me propose d'écrire. Si pourtant quelque académie ou établissement d'instruction publique faisait l'acquisition du présent modèle, je pourrais indiquer sur le plan et décrire la manière d'obtenir le tracé de la première sphère, ce qui permettra de trouver facilement la construction des autres. Quoi qu'il en soit, je pense que le plan et le modèle feront suffisamment comprendre que mon intention est de traiter, à un point de vue nouveau, la science de la perspective, dans l'ouvrage que j'annonce. Jusqu'aujourd'hui, on ne s'est guère occupé, dans les traités de perspective, que de la représentation des objets sur un plan vertical, placé devant le spectateur ; tandis que je me propose de traiter la question d'une manière tout à fait générale, et d'enseigner les moyens de représenter la nature sur des plans ou des surfaces disposés d'une manière quelconque, relativement au point de vue.

Bruxelles, février 1855.

P. Van Schendel

APPLICATION DE LA GÉOMÉTRIE A LA PEINTURE.

L'échelle est à 1 centimètre par mètre.

...tion mathématique des principaux détails figurant au tableau N° 4 par P. VAN SCHENDEL, représentant un marché à la Haye en Hollande, éclairé par la lune et par des bougies, tableau qui à 84 centimètres de hauteur et 122 de largeur. Le ciel du tableau s'étend au-dessous de l'horizon sous un angle BAT 44° 34' et en largeur sous un angle de 33° 52' ; la lune est à 11° 15' au-dessus de l'horizon.